黑版贸登字 08-2022-041 号

图书在版编目（CIP）数据

一个人最好的状态，是活出松弛感 / (澳)
布鲁克·麦卡瑞丽著；邵帅译. — 哈尔滨：哈
尔滨出版社,2022.11
　　ISBN 978-7-5484-6857-8

　　Ⅰ.①—···　Ⅱ.①布···②邵···　Ⅲ.①压抑(心理学)
—通俗读物　Ⅳ.①B842.6-49

中国版本图书馆CIP数据核字(2022)第202586号

书　　名：**一个人最好的状态，是活出松弛感**
　　　　　YI GE REN ZUIHAO DE ZHUANGTAI,SHI HUO CHU SONGCHI GAN

作　　者：[澳] 布鲁克·麦卡瑞丽　著
译　　者：邵　帅
责任编辑：尉晓敏　孙　迪
封面设计：今亮後聲 HOPESOUND 2580590616@qq.com · 小九

出版发行：哈尔滨出版社（Harbin Publishing House）
社　　址：哈尔滨市香坊区泰山路82-9号　　　邮编：150090
经　　销：全国新华书店
印　　刷：天津旭丰源印刷有限公司
网　　址：www.hrbcbs.com
E－mail：hrbcbs@yeah.net
编辑版权热线：（0451）87900272　87900273
销售热线：（0451）87900202　87900203

开　　本：880mm×1230mm　　1/32　　印张：5　　　字数：90千字
版　　次：2022 年 11 月第 1 版
印　　次：2022 年 11 月第 1 次印刷
书　　号：ISBN 978-7-5484-6857-8
定　　价：56.00元

凡购本社图书发现印装错误，请与本社印制部联系调换。　服务热线：（0451）87900279

献给我的家人：

你们造就了现在的我。我爱你们，直到永远。
献给每位曾经读过本书，并以此放缓生活节奏的读者，感谢你们。

　　我们总是忙忙碌碌，尝试去做每件事，体验所有重要的人生经历，不错过任何重要的东西……

　　但我们无法读尽所有的好书，看完所有精彩的影片，游览世界上所有美丽的城市，尝遍所有好吃的餐馆，遇见所有美好的人……如果我们不再试图每件事都要做到，生活会变得更好。

　　学会享受生活中的每一段经历，生命会变成无比美妙的旅程。

——里奥·巴伯塔

　　如果喝茶变成一种仪式，它会取代我们从这件小事中窥见伟大的能力。那美要去哪里寻找呢？要去那些伟大的事物中寻找吗？它们也和所有东西一样注定会消亡。又或者是一些小事情？它们本身并无什么宝贵价值，却会在某一瞬间让人看见永恒的璀璨。

——妙莉叶·芭贝里

使单任务管理实现其价值的最佳方法是在正确的时间专注于正确的事情——要辨别干扰和目的之间的差异。

——乔舒亚·贝克尔

大家好，我叫布鲁克，三十岁，曾被职业倦怠症困扰，正在恢复中，现住在澳大利亚悉尼郊外的蓝山地区，这里有我温馨的家，有狗，有鸡，还有个越来越美的花园。

　　我是一位作者，笑点奇特，喜欢生命中最美好的事物——午睡、室外消闲、旅行和散漫地虚度时光。 我也曾经历过一段黑暗时期，当时身体状况很差，生活也忙乱不堪，自那以后我便决定要简化自己的生活，也要让整个家庭的生活一起变得简单松弛起来。

　　一步步做起，循序渐进，每天都改善一点。

　　最后，我终于成功了。

清理掉了家中并不需要的几千件物品，终于得到了我们想要的家庭环境。空间上变得更加明亮，而且也好像更容易开心起来。打扫的时候我会随时起舞，开车的时候我会自然哼唱，我也非常享受和孩子们一起玩耍放松的快乐。我仿佛变了一个人，家庭生活也完全变了个样，这一切都是因为我决定要让生活变得更加简单，不再紧张，不再焦虑。

　　希望你能和我一起……

目录 \ contents

前言   01

关于本书的使用   06

开始前的动员讲话   08

第一部分 · 仪式

请您把其中一些事情作为日常生活中的重要事项，赋予它们非凡的意义。这种做法能够使您真正地注意到它们，把精力聚焦在当下所做的事情上。

第一章 单任务管理   002

单任务管理不仅是让我们练习将注意力集中在手头工作上的绝佳方法，也是现代生活的解毒剂。

第二章 拔掉电源   016

切断电源是简化生活的重要仪式，与网络世界脱离能够使我们与周围的真实世界重新建立联系。

第三章 放空您的思想   032

将大脑中的内容倾倒出来，通过这样的方式可以让您释放出压抑在心中的挫败感、困扰和烦恼。

第四章 三件事   048

待办事项清单太长无助于简化生活。它们会使人感到沮丧、焦虑、失望，觉得自己永远做得不够。所以我们要做的是尝试创建仅包含三件事的待办事项清单。

第五章 感恩   060

不要把日常生活里受到的眷顾视为理所当然。最重要的是我们要经常花时间来觉察和感念生活中的美好。

第二部分 · 节奏

节奏，它指您在生活中的节拍。速度、秩序、安排。

第六章 晨间节奏　　　　074

拥有自己的晨间节奏意味着您非常清楚早上要做哪些
事情，也知道该如何进行。

第七章 晚间节奏　　　　094

拥有晚间节奏可以帮助您节省时间和精力。您可以将
省下来的时间和精力投入其他事情，例如自我放松，
从事喜欢的爱好，或者与伴侣、孩子一起共度时光。

第三部分 · 应用

毫无疑问，把我们文中讲过的某些或所有仪式及节奏
应用到实践中会使您忙碌的生活变得舒适和简单。

第八章 与仪式不同的心理倾斜　　116

倾斜意味着要意识到生活中的压力在不断变化并保持
灵活性，同时也要拒绝在每天的每一分钟都要保持完
美平衡的想法，不要认为少了什么东西就是失败。

第九章 专注　　　　128

事实上，如果让我对这本书所要传达的理念做个总结，
那就是下面这句：成为一个关注生活的人。放慢速度，
注意观察。

第十章 去吧，享受生活！　　132

去享受生活吧。这才是我们想要达成的目标——创造
更缓慢、更简单的生活，让您有时间和空间来从事您
喜爱的事情。

在如今的现代社会，我们过着始终在快车道上奔驰的生活，不停地追赶着别人的脚步。工作过劳，社交过杂，节奏过快，压力过大，我们总是在与人比谁更忙，谁更重要，谁睡得更少。然而，**我们本不必这样生活。**

越来越多的人放弃了这样一种超负荷运转的生活，选择放慢脚步，删繁就简，学会说"不"，松弛生活，将精力集中在真正重要的事情上。我就是其中的一个，**无论是对于我自己还是整个家庭的幸福，选择过一种更缓慢、更简单、更放松的生活都是我做过的最好的决定之一。**

在选择慢下来、过简单的生活之前，我曾经是一个被过度束缚和打击的神经脆弱的人，一度觉得压力大到无法维持正常的生活。不久之后我意识到，我已经把自己的生活过成了一团乱麻，没有休息时间，没有喘息的空间，没有一点留白，没有缓冲地带——没有任何一件事能够稍微慢一点。

我总是尝试同时去做许多事情，却发现没有一件能够做好，于是变得更加沮丧。我没有担负起身为母亲、爱人、朋友、老板、女儿和姐姐应尽的责任。我感觉自己已经崩溃了，却没法从生活的加速器中抽身出来。就像舞台上正在表演扔球的小丑一样，只要节奏慢下来一点，色彩斑斓的玩具球就会全从空中落到地上，然后我就留在那里，两手空空地站在原地。说实话，我觉得可怕极了。

众所周知，生活中通常就是不断努力的冲刺、过度剩余的各类用品、没完没了的通知、在车里匆忙而就的早餐，以及每晚临睡前没有营养的电视节目。不过我们偶尔也会瞥见里面的其他一些内容——停下来休整的时期，澄澈的精神空间，漫步的闲暇，随性地做点什么事情，享受阳光的温暖时刻——不过多数情况下仍然是那些"应该做到""必须要做""一定要完成"和"要被别人看到"的种种事项。如果能够让自己放慢脚步，花点时间来思考已经做出的决定，打开一些自我意识，我们必将惊愕于自己的发现。

这是一本来之不易的小书，里面收集了一些对我而言非常有效的方法，教会我如何让自己的思想、日常和家庭生活更加轻简，松弛。**希望它们也能帮助您一步步简化您的生活，逐渐找到一隅安宁、平和、冷静和愉悦的空间。**您不用觉得紧张，它并不可怕，也不难实践。从今天开始，您可以为自己打造一种更加缓慢而轻松的生活。

对大多数人而言，简化生活的道路是从断舍离开始的：清理衣柜，整理书籍、照片和承载着几十年历史的老物件。然后他们带着懊恼的心情，环顾着房间并宣布："好了！我以后要少买鞋子、衣服、网球拍、玩具、书籍和唱片。我再也不想清理这些东西了。"然而在这之后不超过十二个月，您再去看他们，大多数人又会回到以前的生活状态，嘴里抱怨着他们本来想看看电视、放松放松、喝杯啤酒或者跟孩子玩耍一下。然而，最后他们要做的是再次清理掉这些废旧物品。

在这本小书中，我会向您展示怎样有条不紊地整理好杂乱的生活，而不是一次次清理，又一次次重来。您要做的第一步是在日常生活中先腾出一点空间。

如果您调整了自己的日程安排，使其变得更加简单、便捷和轻松——您的生活也会跟着变得简单起来。

这不是一本帮您料理家务的书，也不是要建立完美的筛选机制或者某种定期断舍离的规则。它不会告诉您如何做才能"正确地"整理储藏室或精简您的衣柜。它的作用是告诉您，通过规划自己的日常行为，可以创造出更加简单、快

乐、松弛的生活，而这正是您想要的，并且您借助日常的生

活仪式和节奏就能完成这个目标。

关于本书的使用

这是一本小书。

它的语言很简练，因为我知道读者们都很忙，紧张的生活也让大家觉得很疲惫。这也是您为什么要读这本书的原因——您已经觉得力不从心，正在寻找能够减轻负担的办法。有个好消息告诉您，这本书中列出了七个解决办法。

为了帮助您打造更简单和缓慢的生活，接受和实践这七种仪式与节奏是最简便并容易成功的办法。哪怕只在日常生活中融入其中一种，也会为您的生活带来积极的影响，甚至还会给您继续改变的动力。

我建议您先通读这本书。许多生活节奏和仪式之间都是互相影响的，刚开始听起来好像有许多事情要做，其实将它们放在一起落实会省去大量的时间和精力。

这本书不会规定具体的行为方式，不会告诉您怎样具体地去改变自己的生活——比如采取哪些行动。

不过它会为您制定出一个框架，帮助您改变自己的生活，使它变得更加美好，更加松弛。

开始前的动员讲话

生活忙碌,没有时间尝试任何新鲜事物。我听见您心里的声音这样说道,这也可以理解,因为我曾经也这么想。但真相是,如果您是在告诉我(以及您自己)没有这个时间,那么您真的需要好好阅读这本书。

改变生活实际上意味着:需要努力,需要时间,需要能量。

然而您会因此获得巨大的回报:更加简单、开心的生活,您不必进行无休止的自我调整和规划。

这便是节奏和仪式的美好之处。一旦建立，它们就会成为您日常生活的一部分。您不需要去为这些事情做日程规划，就像您不需要规划刷牙和睡觉一样。一切都会自然而然地进行。

所以如果您发现自己在工作中已经处于崩溃边缘，出现了本书某些案例中的情况，请集中精力，实现您想达成的目标。

记住：千里之行，始于足下。

第一章

单任务管理

您有多任务管理的习惯吗？您是否经常发现自己会同时做两件事或多件事？

您当然在这么做——每个人都会这么做。

您在准备早餐时计划着晚饭该怎么做。

您在参加会议的过程中撰写另外一份演示文稿。

您边晾衣服边与孩子交谈。

您在进行体育锻炼时听有声读物。

您边往洗碗机里放碗筷边通电话。

您认为应该这样做，对吧？

您可以同时完成多项任务，因为您很聪明，因为您很有效率。您这样做是在充分利用自己的时间，有条理地完成各种事务。

的确，在某些情况下，多任务处理模式是一件好事，可以快速、高效地完成任务，为我们腾出时间，去做自己真正想做的事情。

但凡事总有两面，它的反面是怎样的呢？

您是否会感到筋疲力尽？

好像每一件事情都没有做好？

好像被许多个方向同时拉扯？

您的大脑处在任务繁多、过度劳累、超负荷运转状态，然而无论它会怎样规划，您都不需要同时做这么多事情。

您需要单任务管理。

每次只集中精力做好一件事。

单任务管理不仅是多任务管理的反义词（很明显），也是让我们练习将注意力集中在手头工作上的绝佳机会。在现代生活中，我们被教导做事要高效、见成果、有价值，必须同时处理多项任务，但单任务管理模式是现代生活的解毒剂，它让您的生活变得更松弛，与紧张和焦虑说拜拜。

并非减少任务量

这听起来很有诱骗性，整天只专注于手上的这项工作，好像每天都在浪费时间。

恰恰相反，单任务管理的步骤是：

选择一个您每天经常做的任务

专注于这项任务

让自己完全沉浸在做事时的生命体验中

它能帮助您在用心完成一项任务的过程中发现简单的美好和日常的快乐。

练习这种正念仪式会使您完全沉浸在当下所做的事情中。它会教您即使对最平凡的任务也要心怀感激，要全心全意地去做一件事情。或许我们不能将这一生都调整到单任务管理模式，甚至一整天也不可以，**但每天进行一次单任务管理的练习是完全可以实现的，而且如果您选择的是经常要做的某项任务，也不会额外消耗时间。**如今它还多了个附加目标：消除人们精神上的紧张和混乱——即使只是片刻。

· 练 习

单任务管理

1—5 分钟

本练习只需要 5 分钟，甚至即使 1 分钟也可以。在一天之中拿出 1 分钟来，享受美丽和沉思中的宁静，而其他的时间您则要努力做出成果，把事务处理好，证明自己的价值。

1. 选择一项任务

选择某项日常事务，例如刷牙、铺床、晾衣服，或在晚餐后洗碗，在做这件事的过程中，请您保持注意力完全集中。

2. 体会每一个细节

沉浸在您的感官体验中，只考虑目前您手中正在做的工作，它是您此刻的唯一目的。

您在晾衣服吗？那就不要计划晚餐该怎么准备，不要考虑明天的会议，也不要设想孩子午睡醒来后您要做什么。

请您专注于：

湿漉漉的衣物在洗干净后的新鲜香气

湿布在手中划过的凉爽

看挂钩排成一行

看阳光洒落在一排衣服上

欣赏自己的劳动成果，您正在完成这项简单但必要的日常工作，这样您的家人才能穿上干净的衣服。

或许您正准备泡一杯茶：

想象水壶中的水正在被烧热

将水倒入杯中时，请仔细聆听倒水时发出的悦耳声响

观察茶叶对水的影响，怎样将它从透明变为浅色至深色

如果添加牛奶，请注意观察它与水混合改变其颜色的过程

如果添加砂糖，则在搅拌时聆听勺子碰到杯壁时的叮当声

注意蒸汽如何袅袅地上升

3. 当您完成后……

深吸一口气，重新回到一天的生活中。

球还在空中飞，孩子还在秋千上摇晃，食物还在肚子里，还要继续回电话——但是您刚刚打造出了自己的单任务时间模块，进行了正念练习，这个机会您也许很难再找到。

为什么要把它变成一个仪式？

请把这种单任务管理的小练习变成您日常生活的一部分，这会让您真正地学会关爱自己。您会认识到，生活不只是完成待办事项列表，也不仅仅是完成工作。毕竟让自己更

好才是我们选择要过简单生活的原因，不是吗？所以我们每

天都要多多体验这样的时刻，体会更多简单的愉悦、更多细

小的快乐、更多专注的投入。

第二章

拔掉电源

1999 年，时间管理专家唐纳德·韦特莫尔博士指出，现当代的普通人在一天中接收到的信息比 1900 年出生的普通人一生中收到的信息还要多，而在 21 世纪生活的我们更是一直与智能手机、无线网络和社交媒体保持紧密连接，因此我们可以笃定地假设，在过去的 17 年里，我们每天收到的信息量一直在持续激增。

　　我们需要休息。

　　我们需要时间来陪伴自己。当我们不想再填塞更多的东西时，能够给自己一点时间，让噪音、刺激和信息都消退下来。

现如今这个世界让我们始终保持关联，它当然有许多好处。我们可以进行远距离交流，在虚拟世界中去往令人难以置信的地方，通过单击鼠标按钮或手指的滑动就可以向大师们学习或者发现任何我们能想象到的东西。

　　但始终保持关联也有它的缺点，我们随时都把智能手机放在口袋里，充当相机、日历、笔记本和闹钟。如果没有至少一个可以和外界保持连接的工具，比如平板电脑、智能手机、笔记本电脑，或上述三个全都没有，我们会感到自己像没穿衣服一样。

我们已经忘记了如何简单地生活，如何使自己全身心地专注于眼前的事务，如何真正投入地进行面对面的对话、人际交往和如何好好地休息。我们精疲力竭，完全被这种数字化连接的网络俘获。

我们担心，如果拔掉电源，就会错过某些东西。

我们担心，如果不积极地参与到每件事情中，就会被当作不重要的人，然后被人们遗忘。

但我们为保持这种持续性的数字化连接所付出的代价是巨大的——除非我们学会用断开连接的休息时间来抵消数字化生活带来的负荷。

拔掉电源的力量

与网络世界脱离能够使我们与周围的真实世界重新建立联系——我们的孩子、我们的伴侣、我们的家人、我们的朋友、我们的工作、我们周边的环境、我们自己的想象力。

拔掉电源的仪式

这种仪式是指每天设定一段时间，从保持持续性连接的网络世界中把所有电源拔除。这意味着有关笔记本电脑、电子邮件、智能手机和电视的电源都必须关闭。

听起来非常简单，对吗？

不过当您一旦开始考虑自己一天的日程，并思考休息时间要如何度过时，您可能会开始意识到这并非易事。

请您想一下，您在放松的时候要做什么？一天结束时，是喝杯酒、看书、翻翻杂志，还是在花园里度过？棒棒的！

那浏览博客呢？或者读电子书？边品尝红酒边看电视？浏览电子杂志？打开各种社交软件？

以上这些或许是您想要的放松方式，但是您仍然和外界保持着联系。虚拟的世界仍然在那里，它会将您同时拉往32个相反的方向，诱导您学习更多知识，看见更多信息，知道更多内容。

我们常常会打开智能手机来查看某些特定的东西，但往往会先花掉 20 分钟浏览照片墙，或在非工作时间查看工作邮件，或搜索《行尸走肉》里的一个家伙是不是曾经出现在电影《真爱至上》中（根据演职记录来看确实是），然后才会意识到自己在这段时间都干了些什么。

· 练 习

拔掉电源

15—30 分钟

1. 确定时间

查看您的日程安排，找出 15—30 分钟可以切断所有电源的时间。选择一天中不太可能接到紧急电话并且老板也不需要您的那个时间段。

2. 记入日程

等您确定好了一个时间段（最好是每天的同一时间）后，就把它记录在日记或日程表中作为您的休息时间。

3. 付诸实践

在手机和电脑上设置闹铃提醒，并将其设置为提醒两次——一次在开始拔除电源之前的 5 分钟（允许您在断开电源连接前完成所有事务），然后再次发出提醒以告知应该彻底拔掉所有电源。

当您听到第二次闹铃时，请关闭笔记本电脑，将手机从衣服口袋里拿出来放到别的地方，关掉电视，然后回到自己的位置。

4. 临睡前增加一段空闲时间

请在睡觉前尝试增加第二段空闲时间。

越来越多的研究表明，晚上对着屏幕或暴露在蓝光环境中（它可能来自您的智能手机、笔记本电脑、平板电脑或电视屏幕）不仅会影响大脑对夜晚的识别能力，从而扰乱人们对睡眠时间的判断，还会影响人们的睡眠质量。

卧室里不准使用有关的技术设备是我们家一向坚持的规则，这样做会改善睡眠质量，早晨的时间也会变得更加安静和高效。我们不会再因为电话铃响而醒来，不会再扎进电子邮件、新闻和社交媒体的海洋中。等您早晨起来开始阅读的时候，就会明白屏蔽现代化的科技媒介为什么能帮助您在日常生活中形成更多有益的习惯。

关于现实

我知道每天找出一段不被打扰的时间有多困难。 无论您是在办公室朝九晚五地上班还是在家里照顾孩子，生活永远都处于无休止的繁忙状态。

但是切断电源是简化生活的重要仪式，我真的非常建议您找出这样一段时间。

如果您觉得实施起来很困难，请尝试以下几种方法中的一种：

将断电时间切分成两个 10—15 分钟的时间段。

在上下班途中，尝试在通勤的公交或火车上进行关掉电源的练习。

早点起床，安静地享受清晨，不要启动计算机，也不要打开手机——可以在 15 分钟后查看一下电子邮件。

提前 15 分钟去健身房，找个安静的地方坐下。

晚上少看一档电视节目。

努力减少社交媒体的使用频率。您真正需要浏览的社交媒体有几种？请尝试将社交媒体的使用量减少一半，把省下来的时间用于线下活动。

如何实践？

您可以尝试：

静坐

阅读

散步

和孩子一起玩耍

写作

与您的伴侣交谈

祈祷

冥想

瑜伽

在室外喝咖啡，看天空，听鸟鸣

无论您在切断电源时选择做什么，最重要的是要与现实世界建立联系，或者让您的思想进入另一个虚拟世界——您自己的想象世界。

第三章

放空您的思想

人们的思绪会变得混乱。我们常常被需要处理的事项、已经许下的承诺、要完成的工作任务和必须记住的信息累得精疲力竭。

在这样紧张和高压的环境中工作既不舒服，也没有什么生产力。以我自己的经验来看，有这样一个事实，如果上面这些混乱的思绪一直存在于您的脑中，持续数天或数周后将会给您的生活带来不好的影响。

您是否曾经：

准备上床睡觉，开始放松自己，却神奇地记着那天应该完成的一切事务？

已经坐下来准备看电影，却伸手去抓智能手机或笔记本电脑来赶忙记录白天忘做的事情？

发现自己的思绪在不适当的时候（例如在会议中或与伴侣的亲密时刻）游离出去，来思考您需要完成的其他所有事情？

您有这些情况吧？我也如此。

这真的很让人困扰，不是吗？

您的大脑似乎并没有意识到您想睡觉、放松或亲昵。它仍在处理信息。

那它积极的一面呢？这种日常习惯可以帮助我们。

将大脑中的东西倾倒出来

将大脑中的内容倾倒出来，进行一种思维导图或日记练习，您可以简单地……把脑中的东西倒出来，写在纸上。

通过这样的方式可以让您释放出压抑在心中的挫败感、困扰和烦恼。将其写在纸上意味着它们不再占据您的思维空间，会使您的思路更加清晰。

具体该如何实施取决于您自己。请您多进行一些试验，并以此找出根据您的生活和思维方式而言较为行之有效的方法。

不过这一仪式从本质上讲，是每天花费 5 至 10 分钟来清空大脑中的无关信息。您只需打开思想的闸门，让它们能够释放出来。您所写的大部分内容其实都是思维垃圾，但把它们倾倒出来肯定比放在大脑中要好得多！

一旦您把它们写在了纸上，您的大脑就可以毫无障碍地完成任务。它能够迅速接收即时的信息并进行处理，而不是因思虑过去和未来而备受束缚。

怎么做？

您需要 5 到 10 分钟来完成此仪式，不过它的好处是可以与之后的三件事（第四章）和感恩练习（第五章）结合起来，一次达到同时完成三种仪式的效果。请继续阅读后续的章节，您将了解如何操作。

什么时候进行是最佳时机？

最好是把它当作早上醒来的第一件事或者晚上要做的最后一件事。 在这样的时候人们通常处在比较安静、快乐或入睡的状态，您不会受到打扰。

不过确切的最佳时机还是要取决于您的日程安排。 在（第六章和第七章）研究过自己早晨和傍晚的节奏后，您对此将会有更好的判断。

早晨的好处

当您刚刚醒来时，可以快速地确定今天的安排，需要做些什么以及自己感觉如何。 早上将大脑中的内容倾倒出来可以帮助您积极地开启今天的日程，带着清晰的目标和清醒的头脑开始新的一天。

晚上的好处

有些人发现在晚上做完这项仪式后会睡得更好。之前有些他们未曾注意到的问题或不满会涌现出来，然后被写在纸上。把这些东西清出来后，他们会感到身体更平静，更容易睡个好觉。在晚上进行这项仪式同时还意味着第二天醒来后便清楚地知道应该做些什么。您已经花了很多时间整理自己的想法，无须进行过多的计划就可以投入到新的一天，只要让自己行动起来。

· 练 习

清空大脑

5—10 分钟

这项练习技术含量并不高，也就是用双手来清空您的大脑。

1.寻找一段安静的时光

有 5 分钟就够了，但 10 分钟的话应该会更好。 不管您选择花费多长时间，都应该充分发挥它的效能。

要开始进行练习了，也许您发现这里有个最简单的方法，那就是使用计时器。

2. 拿起笔和纸

现如今，笔和纸的作用被人们忽视了。与电脑键盘和屏幕或者平板电脑和手指的组合相比，这种旧式的记录方法在练习中的效果要好得多。它使您可以自由地勾画思维导图，而且不像电子邮件和其他社交媒体一样容易受到干扰而分散注意力。

3. 简单地写

不需要想太多，只要写下来：

需要记住的事情

需要完成的任务

让您担心的问题

可能的解决方案

需要购买的各种物品

已经安排好的日程

要出席的社交场合

想穿的衣服

需要做的事情

孩子富有童趣的话语

其他您想记录的任何内容

如果您发现自己没什么可记录的，只需要简单地写下："我没有什么可以写的。 我没有什么可以写的。 我没有……" 我保证您的大脑很快就会输出一些东西。

不要审查自己的想法，让它们顺其自然地落在纸上。 不用担心书写是否整洁、拼读或语法是否正确。

4. 画出思维导图

随着主题和想法逐渐成形，请您在相关联的内容之间添加箭头、方框和重点标记，或者给各个部分画线或加标识强调。这样做可以帮助您直观地了解自己的思路，弄清楚需要注意的重点内容，以及明确哪些东西可以忘掉。

计时器提示练习时间已到，您可以停下来了。

5. 与其他仪式结合

之所以建议您在开始练习之前彻底通读这本书，原因之一是许多仪式之间存在着相互联系。虽然它们都能帮助您简化自己的生活，但将其结合起来同时进行可以扩大影响力并节省时间。

第四章　三件事

我们常常被各种待办事项清单淹没。

很久以来我们就被告知，需要完成的事项清单越长，我们的存在就越重要。在清单上打钩的次数越多，我们就越高效、越聪明、越能干、越成功。至少我们普遍都有这种想法。

您的工作清单上有昨天应该完成的事项吗？上个星期的呢？上个月的呢？去年的呢？

如果某些事项已经在您的工作清单上出现了几周或几个月，请您问问自己：我真的还会抽出时间来完成它吗？

可能不会。

该事项只是在嘲笑您，提醒您自己到底是多么低效、懒惰、无能和不自律。而您清楚地知道，这不利于完成工作！

再见了，长长的待办事项清单！

待办事项清单太长无助于简化生活。

它们会把生活弄乱，会让人情绪低落。它们会使人感到沮丧、焦虑、失望，觉得自己永远做得不够。

所以我们不要使用过长的待办事项清单。

我们要做的是尝试创建仅包含三件事的待办事项清单。您今天需要完成的三件事。

为什么是三件？

写出长长的待办事项清单时，我们往往会投入过多的精力。我们明知道今天无法完成清单上的 39 项任务，但还要将它们写下来，并期望能够侥幸完成它们。甚至于在开始之前，我们就做好了可能失败的准备。

但是，如果只有三件事：

我们的目标能够完成——只要不是极端的最坏情况。

我们的目标具备可行性——因为清单上的事项不算太多。

我们的目标非常简单——您不会迷失前进的方向。

您将大获全胜——事实上是三次胜利！定期完成待办事项会给您带来巨大的成就感，而不是更多的失败。

"但我每天要做的事不止三件……"

确实，有些事情我们每天都要做——铺床、洗衣服、做饭、送孩子上学——这些应该是您日常节奏的一部分，而不是需要计划的事情。我们将在第六章和第七章中探讨这些日常性事务。

我们说的三件事应该是脑海中不那么频繁出现但又很重要的"一次性"任务（这也是为什么我建议将此仪式与"清空大脑"练习相结合的原因）：您需要写什么报告，需要打哪些电话，需要安排哪些会面和外出。

每天早晨请您将上面这些任务中最重要或最急需办理的三件事找出来，努力去完成它们。

您甚至可以创建两个单独的列表——其中一个用于工作，另一个用于家庭事务，来帮助您全天专注于每个领域。

这样做可以让您更加轻松自如，清除掉您在这天因为要完成所有工作而给自己施加的压力。完成了清单上的待办事项后您会收获满满的成就感。这会创造出令人难以置信的巨大动力，很有可能会激励您继续努力并取得更大的成就。

· 练　习

三件事

1—2 分钟

您可以将这个练习与清空大脑练习结合起来（第三章）。

除此之外还有一种可能，如果您已经知道一天中最重要的三

个任务是什么，请从第二步开始。

1. 重温清空大脑练习

完成清空大脑练习后，请花 1 分钟时间仔细阅读所写内容，并确定是否有重复出现的问题或有哪些问题非常紧急。这是一个很好的机会，您可以根据需要创建两个单独的列表——其中一个用于家庭事务，另一个用于工作。

您今天是否要进行某些改善？

是否需要完成某些特定的任务？

是否有急需处理的事情？

用笔把这些项目圈起来。

2. 列出三件事清单

在纸上排列出三件最紧要的事情，作为待办事项的前三名。请先把这三件完成，然后再去做其他的工作。

3. 次要的任务

您也可以同时列出其他相对而言不太紧急的待办事项，但不能超过六个。只有完成前三项的任务，您才可以开始执行次要任务。

4. 跟进任务

当您再次进行练习时，可以将次要任务及所有需要执行的新任务移到第二天的待办清单，只留下三件最重要的事情即可。

我非常注重简洁明了，不喜欢过分复杂，所以对我来说，笔记本或纸就足够了。您可以为家庭生活准备一个笔记本，为工作安排再准备一个笔记本。如果您想要结构更复杂、有更多记录空间的手账本，可以去网上找找，那里有很多特别好的本子。

第五章 感恩

您认识那些总能看到事物的阳光面的人吗？平时谁最乐

观积极？谁能发觉那些失望的现实下隐藏的机遇？

他们有一个共同点：**感恩**。

最近的研究表明，那些经常为生活中的美好而感恩的人身体素质更好，日常生活中有更多的满足感，健康方面的问题也普遍更少。

最重要的是我们要经常花时间来觉察和感念生活中的美好，不要把这些日常生活里受到的眷顾视为理所当然。

让我们暂停一下，环顾四周，对自己说："嘿，这挺好的。我的生活可能并不完美。我可能不会参加马拉松比赛，治愈癌症，抚养孩子，旅行，摆脱债务，实现之前设定的其他目标，但我就是我自己。这真是太好了。"

就像任何有价值的事情一样，积极地去觉察和感恩需要花费时间、精力和耐心——而且最重要的是练习。在本篇中，您将学习如何将感恩的习惯融入日常生活中，使它很快成为每天的生活里一个自然的部分。

所以，远离那些否定、攀比和自我怀疑的情绪吧，它们只会阻碍您过自己想要的简单生活。请让自己成为那些您所欣赏的积极向上的人中的一个。

·练 习

感恩

5 分钟

1. 空出一段时间

请您在每天找出一小段空闲——5 分钟就已足够。 如果能把它安排成醒来的第一件事或睡前的最后一件事是最好的情况。 不过只要您有时间，任何时候只要抓住几分钟就可以完成。

您也可以将此练习与**清空大脑**以及**三件事**的仪式结合起来。 无论如何您都需要花几分钟时间，那为什么不将这三种仪式放到一起同时进行呢？

2. 写下来

不管是什么地方，只要您自己觉得合适，比如在纸上、正阅读的书页上或厨房的小黑板上，请列出您今天要感恩的五件事。

注意简洁。别写太多，每件事只写几个词语即可。最多不过一句话就可以提醒您，原来当前的生活中有这样一些美好的事物。然后请您对它们进行反思，认识到您生活中存在这样一些积极的因素，并提醒自己每一天都有值得感恩的事情，不管今天有多糟糕，或者未来有什么样的坏事即将来临。

3. 赶走消极情绪

如果您发现列举这些美好的事物很困难，请尝试自己赶走沮丧、愤怒或怨恨的情绪。问问您自己：哪种情况是积极向上的？

您难道不能给自己一点时间吗？您的孩子非常爱您，并希望与您在一起——这是多么美好的事情啊！

您在工作中经常被人打扰吗？这是因为人们需要您或尊重您的见识——您应该为此感到自豪。

已经厌倦了每天都要做晚饭？您正在供养家人，这也是很多值得感激的事情中的一项。

总结

单任务管理（1—5分钟）

从每天的日程中选出一项任务，全身心投入其中。

感受这项任务的所有内容——气味、声音、视觉和感受。

让自己完全沉浸在这一段时间的体验中，保持专注。

拔掉电源（15—30分钟）

　　每天至少抽出15分钟时间彻底切断相关设备的电源：没有电视、电话、计算机、电子书、平板电脑 什么都不留

　　利用这段时间阅读、写作、玩耍或什么都不做

　　尝试在睡前再增加一段断电时间，并注意它在睡眠方面对您的影响

清空大脑（5—10分钟）

抽出些时间——最好是在早上或晚上——进行清空大脑练习。请在纸上写下您的担忧和烦恼、待办的事项和其他想法。

根据需要使用下划线、圆圈或连接线对写下的事项进行标注，以说明您的想法以及需要采取哪些行动。

三件事（1—2分钟）

通过清空大脑练习选择出今天最重要的三个任务。

在这三项任务完成之前，请不要去执行其他任务。

感恩（5分钟）

进行清空大脑练习时，写下您一生中要感恩的五件事。
每件事只需一个或两个字就足够了。

如果您在努力寻找值得感激的事，请尝试为所有负面感
觉找到积极的一面。

第六章　晨间节奏

拥有自己的晨间节奏意味着您非常清楚早上要做哪些事情，也知道该如何进行。它可以让您早上处理事务时不必太费脑筋，即使您不是精力充沛的人，也依然会保持生产力。

积极的晨间节奏应满足以下几项原则：

1. 对您而言适用且实用

2. 给您足够的时间完成各项事务

3. 能够顾及其他人的需求

4. 有灵活调整的空间

形成合适的晨间节奏之后，您会感到：

更加平静

头脑更加清醒

准备更充分

更不容易发脾气或自责

更喜欢吃早餐

更愿意花一点时间练习正念

· 练 习

晨间节奏

30 分钟（一次）

这项练习的目的是问您自己一些问题，您要做哪些事情，想做哪些事情，以及对您和您的家人来说，最适合做的事情有哪些。

　　完成这项练习大约需要 30 分钟，不过好消息是这项任务一旦完成就无须再重复进行。

　　注意：在本练习中，"早晨"这段时间的意思是一直持续到您和家里的每个人都已经穿戴整齐，并做好了随时出门的准备，无论实际上是否真的要出门办事。

1. 自省

首先问问自己：

现在我所拥有的早晨是什么样的？

我希望拥有什么样的早晨？

早晨我需要做些什么？

我在早晨想完成些什么？

2. 确定您需要和想要完成的事项

拿起一张纸和一支笔。画出三列竖栏，并做好标记：

（1）需要完成

（2）想要去做

（3）顺序和时间

在第一列竖栏中，列出早上需要完成的所有任务——那些对您和您的家人来说必须要做的一些事情。

它可以包括以下列表中的任何内容，在此基础上添加其他对您来说在生活中非常必要的事项。

起床

铺床

把孩子叫醒

冲澡

吃早餐

洗碗

清洁厨房

穿好衣服

给孩子穿衣服

刷牙、梳头等

收拾餐桌

给孩子叠被

洗衣服

准备午餐

做一些小零食

打扫卫生

收拾衣服

出门工作／活动／去学校

在第二列竖栏中，记下您早晨想做的所有事情，也许它们不是必须要做的，但是能够为您带来一个更加元气满满的早晨。

想一想有哪些事情会给您的日常生活注入活力，让您更加朝气蓬勃，或者给您带来其他好处，换句话来说，这些也是对您很重要的事情。比如，跑步这件事对您来说并不是必须要完成的任务，但您非常清楚，它会给您的生活带来许多好处。

3. 确定每列要涵盖的内容

现在查看这两列竖栏，并圈选您在晨间节奏中要做的事情。

要保证从第二列中至少选取一项。 在早晨的时光里您就要开始自我关爱，即使只是很小的事情也非常重要，它能够让一天的心情都变得积极起来。 也就是说，您会变得更快乐，对自己和他人都更加友善和温柔。

4. 预估所需的时间

既然您已经明确了早上要做哪些事情，那就要估算一下时间：这些圈出的事项需要花费多少时间，以及您的空间时间是多少。 在第三列竖栏中，记下每个任务所需的大概时间，并计算出您为晨间节奏选出的所有事项需要的总时间。

坚持四舍五入原则：要多预留 10 分钟以防时间的意外耗损，比如接个电话，起床拖延……

如果您要出门工作或做其他事情，那什么时候要离开呢？

现在您通常都几点起床？

将您的起床时间和晨间节奏所需要的时间加在一起，看把它们协调起来将会如何。

如果您的新节奏和现在的起床时间统筹安排起来恰好合适，那就太好了。如果不能的话，您就需要决定是从晨间节奏中去掉一些内容还是要早一点起床。

您可以在前一天晚上做些工作来腾出一点时间吗？也许您可以在晚上准备好第二天的午餐，整理好出门要带的包或把衣服送去洗衣店。

除此之外，请您不要期望太高。您只能在既定的时间内完成某些事情，虽然为早晨打造一个理想的节奏可以帮助您最大限度地利用这段时间，但这并不是一个万能的解决方案，您不可能把一个小时掰成四个小时来用。

请您优化和调整列表以及您的起床时间，直到它们很好地融合在一起，记住：没有正确或错误的方案——只要它对您、对您的生活和您的家人有用就是好的方案。

5. 形成行为模式

把所有内容都写下来看起来似乎很刻板，但将其记录在纸上意味着您更有可能坚持，甚至下意识地实践新的晨间节奏。 在前一两个星期内，将清单贴在冰箱或小黑板上或许能以非常直观的方式提醒您遵循自己创建的节奏。 您会发现它很快就变成了下意识的习惯。

您不会被这种节奏所束缚——因为您能够而且应该根据需要对其进行更改，否则它对您就失去作用了。 记住：这一切努力的目的都是为您、您的生活和您的家人进行简化。

我的晨间节奏

以下是我每天早上的大概节奏。

早点起床

梳洗和穿衣

冥想（总是）和瑜伽（有时）

泡一杯茶

去办公室写作

认真完成当前的写作项目

感觉到走神的时候伸展一下身体

孩子醒来，我丈夫和孩子做早餐，或者我们一起吃饭

整理床铺

收拾餐桌

清洁厨房

开动洗衣机洗衣服

让孩子做家务、穿衣服、刷牙等

定期做家务，比如打扫厨房、更换床单、扫地

晾晒洗干净的衣物

外出，送孩子上学

某些日子比其他日子更有挑战性，但当事情自然地从一项进行到下一项时，早上各种事务都需要处理的高峰期会让人感觉不再那么繁杂，而且这样处理肯定比我之前兵来将挡的做法完成的事项更多。

　　这种节奏的美妙之处在于，如果某些事情没有处理（例如，我没有去洗衣服），日程安排也不会有什么问题：我可以待会儿再做。同样，如果我没有了工作的时间，我知道自己要么选择了更多的睡眠（这在某些早晨是个不错的选择），要么是因为孩子需要我，明天我还会拥有这些时间。这种节奏让我拥有足够的组织能力，又知道何时应该放手。

　　现在这种节奏自然地展现了出来，我不需要每天早上检查这些任务或在列表中打钩。它经过了精心设计（并根据需要进行了更改），来适应我当前的生活。我们的目标是：创建一种您不需要在意的节奏，它是自然流动的。但是达到这

个效果需要一些时间，所以请您坚持几个星期，并在这个过

程中根据需要进行调整和更改，慢慢摸索出最适合您的方案。

第七章

晚间节奏

现在我们已经明白了为什么形成生活节奏比建立常规更有意义，我们也可以理解为什么应该花点时间来形成晚间节奏。

形成晚间节奏的好处有以下几点：

晚上的时候您的时间会更加灵活，也就是说更方便您安排一些普通流程外的活动。

您很清楚有哪些事情要做，有熟能生巧的感觉，家里的其他人也会受益于这种熟悉的氛围。

您能够缓慢地安顿下来，如果每个人都知道晚上会发生哪些事情，可以减轻非常多的压力。

您能够做好睡前的准备。晚上的时候平息脑海中的思绪（有益于好好休息），这意味着您想的事情比较少，更有可能该休息的时候就上床睡觉。

您能够平静地入睡，因为知道自己已经为第二天做好了准备。

房屋已经打扫整洁，而且您也知道第二天早上会发生什么：您已经准备好了。

拥有晚间节奏可以帮助您节省时间和精力。您可以将省下来的时间和精力投入其他事情，例如自我放松，去做喜欢做的事，或者与伴侣、孩子一起共度时光。

正如前一章中的晨间节奏练习一样，这里我们同样要做一些工作。花一些时间列出您的任务并形成一种考虑周全、行之有效的生活节奏。

不过，晚间节奏与晨间的节奏不同，它可以安排得更加灵活。您不需要准时出门，不用乘公共汽车或火车，所以有更多的空间。

· 练 习

晚间节奏

30 分钟（一次）

注意：在本练习中，"晚上"是从晚餐开始。

1. 自省

在开始之前，请问问自己：

我现在的晚间生活感觉如何？

我希望拥有怎样的晚间生活？

我在晚上需要做些什么？

我在晚上想要做些什么？

晚上做哪些事情能帮助我更好地度过第二天的早晨？

您要把自省的步骤正式地记录下来，这一点非常重要。其目的是帮助您理清要优先处理的事情和需要完成的任务。然后您就可以为自己制定适宜的晚间节奏，将它按照您的具体情况进行调整，实施它然后忽略它的存在。您肯定希望它在您的生活中能够轻松地运转，自然到完全不必去关注它。

2. 确定您需要和想要完成的事项

拿起一张纸和一支笔。画出三列竖栏，并做好标记：

（1）需要完成

（2）想要去做

（3）顺序

在第一列竖栏中，列出晚上需要完成的所有任务——那些对您和您的家人来说必须要做的一些事情。它可以包括以下列表中的任何内容，在此基础上添加其他对您来说生活中非常必要的事情。

收拾晚餐的餐桌

清洁厨房

洗碗

给孩子洗澡

讲故事

让孩子上床睡觉

打扫房间

冲澡

放松：电视、电脑

放松：阅读、写作

睡前习惯：品茶、泡澡

睡觉

在第二列中，记下您晚上想做的所有事情，也许它们不是必须要做的，但是能够为您带来一个更加愉悦、美好的晚上。

想一想有哪些事情会帮助您为明天做好准备，并为今天画上圆满的句号。这种时候是进行我们讨论过的某些仪式以及您在晨间节奏练习中确定的某些任务的理想时机，这会帮助您在第二天早上过得更轻松。

它可以包括以下列表中的任何内容，在此基础上添加其他对您来说生活中非常必要的事情。

准备好早晨健身的衣服／晨练的运动服

收拾好包包

做好午餐

准备第二天的小吃或晚餐

清空大脑

三件事清单

感恩

拔掉电源

冥想

3. 确定您的晚间节奏要包含哪些内容

现在查看这两列竖栏，并确定您在晚间节奏中通常要做哪些事情。

圈选出您要完成的每件事情。即使大多数事情都出自第一列，也要保证从第二列中至少选取一项。还有一件事很重要，请您在自己的晚间节奏中加入关怀自我的仪式，因为无论白天过得怎么样，它都可以让您以美好的心情结束这一天。

4. 形成您的晚间节奏

一旦您确定晚上的生活要包含哪些事项之后，就可以建立自己的晚间节奏了。

问问您自己：

最好先执行哪个任务？

完成哪些任务可以让今天更好地收尾？

完成哪些任务可以让明天早晨更加顺利？

应该把哪些任务结合在一起？（例如，做晚餐、清洁厨房和洗碗可以很好地结合在一起）

将列表浏览一遍，在第三列中写出大致的顺序。

请记住，每一天都是不同的，因此——再次强调——完成任务的顺序是可变化的。您可以根据需要进行调整。要注意的是，这份表单越合乎逻辑，执行起来越舒适，您坚持下来的可能性就越大。

如果您认为自己需要视觉上的提醒，请将此列表贴在冰箱或小黑板上一到两周。它会帮助您习惯自己的晚间节奏，很快您就会发现自己不再需要这种提醒了。

我的晚间节奏

对我来说，没有两个晚上是相同的——比如，某些晚上我会去练瑜伽或健身，建立良好的晚间节奏无疑要比将所有事情都限制在设定的时间表中更加舒适。

我的晚间节奏通常会如下安排：

准备晚餐

大家一起吃晚餐

陪孩子玩耍（通常是在外面玩，

因为我们一般不会看电视）

整理厨房

收拾餐桌

洗碗

在孩子的帮助下整理

给孩子泡澡 / 冲澡

让孩子穿好衣服并准备上床睡觉

刷牙

在床上讲故事、唱歌

冲澡

做第二天的计划：清空大脑、三件事、感恩

如果要提早出门，收拾好包包

放松：聊天、看电视、阅读

拔掉电源时间以及睡前习惯：品茶

在床上：阅读、放松与冥想

睡觉

—

第八章

与仪式不同的心理倾斜

—

到目前为止，我们所关注的任何仪式或节奏都不会增加您日常生活中的压力或使其变得更复杂，否则它们就违背了要让生活简单化、松弛化的目的。

　　因此，尽管本章的建议似乎与我截至目前所说的一切相去甚远，但请您相信，一旦您将其付诸实践，它会变得非常重要。

最后一步：倾斜

与仪式不同，倾斜更多的是指一种心态，是平衡的反义词。

马库斯·伯明翰（Marcus Birmingham）在 2009 年所做的一项研究中提出了一个问题："幸福的女人们所做的事情与常人有哪些不同吗？"而答案正如您大概能想象到的那样，她们并非是在工作、生活、健康、家庭、激情和职场精神之间取得了完美的平衡。她们并没有要追求平衡——参与研究的女士们意识到这不可能实现，她们认为这种尝试充满压力，生活也非常无聊——而是"倾向于"从事自己喜欢的、认为有意义的活动和事务。在某个特定时刻投入到需要她们关注并选择前往的生活领域，那里需要她们，然后她们会根据需要再次有目的地前往另一个领域。

倾斜意味着要意识到生活中的压力在不断变化并保持灵活性，同时也要拒绝在每天的每一分钟都要保持完美平衡的想法，不要认为少了什么东西就是失败。

那平衡呢？

多年来我们一直在鼓吹保持工作与生活的平衡这种说法，但是如果您将平衡视为每天需要实现的目标 —— 要在伴侣、孩子、家人、朋友、自己、职业精神、健康、家务、工作之间保持平衡，那么您将很难找到真正的平衡，并且会在尝试创建和维护它时就花费大量精力。

坦率地说，我认为实现工作与生活平衡的想法完全是一个神话。这是破坏性的，它在迫使我们实现不可能的事情，实际上我们可以用更灵活的方法实现工作和生活之间的调整，在需要时满足我们生活中的不同需求。

请您学会有所倾斜，而不是费尽心力地维持平衡。要乐于打破平衡的状态。而且最重要的是，要学会接受这种失衡。

事实上，我们需要学习拥抱它！

简单的生活就是要寻找光明、喜悦和对生活的掌控。这大概就是您阅读本书的原因——开启更轻松、快乐的生活。我们在前面的七章里讨论的种种都是为了帮助您完成这个目标。

但是，如果您不能学会将心态从追求平衡转变为更灵活的平衡，那它们对您也没有什么好处。

有时您的工作会特别繁忙，那您就做简单的饭菜、简单的家务，维持简单的节奏。

有时候您的孩子喜欢独立地玩耍，那您就做做家务。

有时候您需要充电，那您就对自己好一点，放下那些不利于自我疗愈的事情。

有时候您的孩子生病，有别的需要或脾气暴躁，这意味着您除了一些基础事务之外什么都做不了，那您就看护孩子，并留心关注孩子的生活。

有时候您的伴侣工作压力变大了，那您就尽量减轻他（她）在家里的负担。

有时候您需要在家中重建秩序，那就远离社交活动，将时间花在专注于这些需求上。

倾斜使我们能够专注于当下重要的事情，并有选择地将精力投入到这些领域。物理上的倾斜动作意味着我们靠近一边，而离另一边更远。我们不可能在每个时刻对每个人来说都成为他（她）的一切，而倾斜意味着清楚地对一件事说"好"，并在同一时刻对另一件事说"不"。更重要的一点是，这样的倾斜没有丝毫问题。

倾斜实际上有助于我们在更长的时间内达到平衡。与其每天努力寻找平衡，能够达到一个月或一年的平衡更为重要。如果我们能从更长远的角度看待平衡，会更容易发现我们是否正在按照自己想要的方式生活，或者我们需要重点关注哪些领域。而且人们都会有难过的日子和压力很大的时候，更宽泛地考虑生活中的平衡是完全能够理解的。如果着眼于重要的事情，您会发现您已经随着时间的推移实现了长期的平衡。

怎样去倾斜？

　　这里并不是要让您学会一种按部就班的方法，更多的是要让倾斜的意识隐藏在您的大脑中。它更多的是在讲理解和接受这样一个事实：您不可能也永远不会达到完美的平衡。

　　而且，您大概也不想做到那样。

　　实现并保持一种平衡的完美状态不仅压力巨大，而且无法实现。 请您明白自己的时间是有限且宝贵的。 您可以根据需要来选择将自己的精力花费在什么地方。

您的生活是您自己的。

我无法告诉您要优先考虑哪些事务。但是请您时不时地问问自己是否感觉到平衡:

这个星期?

这个月?

过去六个月?

您在心里得到的回答会比任何理想化的平衡更好地指导您的行动。

第九章

专注

简单的生活大多蕴藏在专注的艺术中。停下脚步，拿出足够多的时间，观察我们身边的美好事物，不论其宏大或微小。事实上，如果让我对这本书所要传达的理念做个总结，那就是下面这句：**成为一个关注生活的人**。放慢速度，注意观察，松弛生活。

关注就是要把自己交付出去。它需要我们付出一些东西。但是不去关注也会错过很多，而且代价要高得多。

请您关注：

您所做的事情及感受

您所消耗的东西

您需要完成的任务

执行任务时的感受

工作中的间隙

您的想法和感受

美好的事物

您的时间和精力

您把时间和精力都花在哪里

注意观察这个世界在您面前展现了怎样的面貌。

第十章 去吧，享受生活！

希望您仍然感觉动力充足，利用这些仪式和节奏来简化日常生活，并且现在您已经开始使用它们来创造自己更简单、快乐、轻松的生活。

就像生活中发生的其他变化一样，随着时间的流逝，您也需要调整自己的节奏和仪式。您会发现自己的需求也随着生活的改变而发生变化。

每当您感到生活变得不再平衡或者又一次感到沮丧无措时，都可以重新尝试本书中的练习。可能您只需要提醒自己完成既定的工作安排，或者您发现生活已经发生了太多变化，要重新评估有哪些需要完成，哪些不必执行。

我真的相信阅读本书的任何人都能从书中介绍的仪式和节奏中受益。 即使您在自己的日常生活中只使用其中的一项仪式，我也坚信它将为您的生活带来改善。我对简单化生活的种种益处满怀热情，所以希望看到您将它们全都投入实践。那才是将它们利益最大化的归处。

给自己一个或两个星期的时间，在日常生活中尝试这些仪式。

等这段时间过去后，感受您的生活、您的心灵和头脑，问问自己：我是否感觉到更有底气，更平衡，更快乐，更满足，更有条理，更有控制力，更松弛？

与此同时，去享受生活吧。这才是我们想要达成的目标——创造更缓慢、更简单、更从容的生活，让您有时间和空间来做您喜爱的事情。

感谢您抽出宝贵的时间阅读这本小书。